TESTAMENT PRÉALABLE

A

LA JUSTE EXÉCUTION

PROJETTÉE

DU TRAITRE ET ASSASSIN

LE PRINCE LAMBESC,

COLONEL d'honneur, chaſſé avec infamie du Régiment de Royal-Allemand, Commandeur indigne de l'Ordre du Saint-Eſprit, Gouverneur concuſſionnaire de la Province d'Anjou, & un des premiers fauteurs des exécrables déſordres publics :

SUIVI du CREDO des Traîtres, ou la profeſſion de foi de ce Prince criminel & des autres Ariſtocrates, & leur MÉA-CULPA.

Imprimé à Paris, dans un des cachots de l'Hôtel de la Force, l'an de la Liberté.

----

1 7 8 9.

PRÉAMBULE.

L'AN 1789, le propre jour de la Touſſaint, un des princes infames & refugiés, LE SCÉLÉRAT DE PRINCE LAMBESC, effrayé du ſon lugubre & funéraire des cloches, annonçant la célébration du jour ſuivant, celui des Trépaſſés, bien plus que du cri intérieur des remords dont il eſt incapable ; inſtruit de la proclamation de l'aſſemblée des Communes, qui le déclare, avec raiſon, un traître abominable & un vil aſſaſſin ; il manda un homme de loi, pour faire encore un tour de gobelets & détourner de deſſus lui l'indignation publique par une nouvelle paſquinade. Le dépoſitaire, après avoir ſatisfait à l'uſage, en plaçant en tête de cet acte illégitime, par un menſonge impudent, que ledit prince étoit ſain de corps & de jugement, quoique divers eſculapes produiſent des mémoires non payés de la fauſſeté de l'une de ces aſſertions & d'une grande conſommation de mercure, & que toute la France ſoit convaincue de la fauſſeté de l'autre, le ſcélérat d'ex-grand-écuyer parla en ces termes :

A 2

MES DERNIERES VOLONTÉS *.

Mettez, Monfieur, mot à mot, ce que je vous dicte, fans que le refpect que vous devez à mon rang vous faffe rien changer à mes expreffions.

Je fuis un monftre abhorré de la nation entiere ; la chronologie des coquins les plus infames, ne préfente aucun exemple que mes atrocités n'aient furpaffé ; les CALIGULA, les NÉRON, les VITTELLINS, les SINON, & les MEZENCE, ces êtres exécrés ne font, comparés à moi, que des fcélérats ordinaires. La fin de ces indignes deftructeurs, toute affreufe qu'elle paroît, feroit trop douce pour moi. Un peuple outragé par ma barbarie & mes odieufes cruautés, a prononcé fur mon fort. Sa vengeance m'attend au gibet. Après avoir mis ordre à mes affaires, je cours leur livrer leur victime, trop heureux d'expirer la corde au cou, & d'expier foiblement, par une mort fi douce, mes criminels attentats.

Les vexations multipliées que j'ai commifes dans mon gouvernement d'Anjou, mes vols,

---

* C'eft le héros du PONT-TOURNANT qui dicte lui-même fes dernieres volontés. Qu'en penfez-vous, Français ? Y croirons-nous ?

mes rapines, mes concuſſions, mes ſcélérateſſes inouies, m'ont rendu l'opprobre & le rebut de l'univers. Je ſavourois avec délices les malé-dictions de ce peuple ; je m'en conſolois avec leur or & l'inſigne faveur de ma chere & ai-mable couſine, Marie-Antoinette de France ; car vous n'ignorez pas plus que toute la terre, que, ſans principes, ſans mœurs, ſans délicateſſe, la royale proſtituée a captivé conjointement, à mille & mille autres, mon cœur, mes ſen-timens, & que depuis la ſinguliere & hon-teuſe conſidération qu'elle a eue pour moi, ma volonté a toujours été dépendante de la ſienne.

Je ne puis me réſoudre à aller orner, de gaiété de cœur, la potence dont la France entiere me menace, ſans au préalable faire la répartition de ce que je poſſede. Prét à ſauter SUR RIEN, je veux, en façon de bienfaits, faire quelque reſ-titution ; mes juges reſpecteront ſans doute mes dernieres diſpoſitions, quoique le nom de celui que je vais inſtituer mon exécuteur teſtamen-taire, déjà voué à l'horreur publique, ne ſoit pas un garant bien ſuffiſant de l'exécution dont je vais le charger. Je me confie à cet égard à la clémence du ciel & à la bonacité pariſienne.

Je nomme donc, & institue pour exécuteur du présent testament, le prince de Vaudemont, mon frere, en le priant de se conformer à toutes les dispositions qu'il renferme, en s'engageant à accepter pour diamant d'usage, certaine bague de brillans, sur laquelle est incrusté le chiffre de la Reine, & provenant de la décomposition du collier fameux, dit le COLLIER CARDINAL, bague donnée à la tribade Polignac, par la FROTTEUSE COURONNÉE, & que cette derniere me donna par forme de gratification la derniere fois, que couchant avec elle, à Luxembourg, je m'y comportai en galant homme ; & j'ose protester à M. de Vaudemont, qu'il peut la prendre sans scrupule ; ma conscience, à cet égard, ne me reproche rien : en honneur, je l'ai bien gagnée. L'horrible Messaline de qui je la tiens, peut me servir de caution.

Je ne veux point de légataire universel, ayant trop de dons à faire, & d'ailleurs ceux qui ont des prétentions légitimes à cette qualité, peuvent, à coup sûr, s'en passer.

Je donne & légue à Marie-Antoinette, Reine de France, un talisman précieux qui rend invisible la personne qui le porte ; elle en pourra retirer un double avantage, d'abord celui de dérober au peuple Français la vue d'un monsttre odieux , dont les crimes ont été si funestes à la Nation entiere : ensuite celui de pouvoir, sans crainte, pénétrer dans les assemblées les plus secrettes, & y entendre les vérités qu'on débite sur son compte, quoiqu'elle ne lui soient gueres dissimulées ; mais faisant elle-même l'office des mouchards qui se reproduisent à Paris sous une NOUVELLE ENVEPOPPE, elle épargnera les fonds de la caissette de ses menus plaisirs , qui sont diablement altérés, par la maniere dont elle en a fait usage.

Je donne & légue à Monsieur, frere du Roi, une phiole, contenant un Elixir souverain pour diminuer l'épaisseur de la matiere ; indépendamment de cette vertu, sa vapeur spiritueuse débrouille les facultés intellectuelles, ouvre le jugement, & peut, en très-peu de temps, faire d'un lourd automate, un personnage utile & intéressant.

Je laisse à mon amé & féal le cher comte d'Artois, un topique sûr pour préserver de la rage. Je ne doute pas de sa reconnoissance ; il a le plus grand besoin de cette recette, pourvu qu'elle lui arrive assez tôt, & qu'il ne soit pas complettement enragé.

Item , je donne & légue à M. l'Archevêque de Paris une demi-douzaine de sifflets, dont la vertu miraculeuse est de reproduire son siffle aigu à l'infini je lui confeille d'en faire ; d'après mon don, préfent à la Nation ; elle lui fervira à fiffler impitoyablement le Clergé de France.

De plus, je laiffe au comte de Mirabeau une fomme de quarante-huit mille livres : quoiqu'il fe foit déclaré mon plus grand ennemi, cette fomme lui fervira à rétablir fes affaires, & à le mettre dans la pofition de ne plus tant vifer au miniftere, quoiqu'il y foit autant porté par ambition que par intérêt : d'ailleurs, cette action me vaudra un bon point dans l'efprit public, qui doit fûrement apprécier le danger d'introduire dans le fein d'une affemblée pure, refpectable & impartiale des êtres dont la voix délibérative ne feroit que très-nuifible à fes opérations, & qui infailliblement dérangeroient la machine.

Je laiffe à M. le préfident actuel de l'Affemblée Nationale, une paire de lunettes, dont le point de vue fûr & fixe le déterminera fûrement à ne plus fe déclarer l'apôtre des eccléfiaftiques & le protecteur de leurs rapacités.

Je donne & legue à M. l'archevêque de Narbonne, une commanderie de l'ordre du Saint-Efprit, en lui confeillant toutefois de fe défaire également de la fienne ; & de celle que je lui offre, ni l'un ni l'autre ne peuvent avec décence

s'avouer

s'avouer d'un ordre auſſi reſpectable, & que les catins ont depuis quelque-temps illuſtré par leurs ſoupiraux.

Item. Je donne & legue au premier Préſident du parlement de Paris, le lit que j'ai fondé aux Incurables : ſa maladie anti-patriotique ne pouvant ſe guérir, il pourra du moins y mourir en échappant au gibet civil que la loi Martiale s'apprête à planter en place de Grêve.

Je donne & legue à ce vieux coquin de baron de Breteuil, un coquillage qui m'a été donné par le comte de Buffon, à qui je demande pardon de tout mon cœur, d'avoir fait un cocu de plus en France & en ſon nom, lequel coquillage eſt titré par le vulgaire du nom de pucelage. Ce joyau incruſté d'or le dédommagera de tous ceux qu'il a ratés dans ſa vie, aux dépens de l'état, & bien payés.

Je donne & legue à la marquiſe d'Oſſun un inſtrument d'hiſtoire naturelle, qui m'a été donné par le ſieur Vicq d'Azir, provenant de la diſſection du ſieur Coffin, ſcélérat pendu en place de Grêve ; quand le diable y ſerait, il vaudra bien celui qu'elle poſſede, couvert en velours cramoiſi, dont elle ſe ſert tous les jours.

Je donne à mon cher Maury, une recette merveilleuſe qui ſe trouvera, à mon décès, dans mes manuscrits. Par elle il se fera désormais écouter, en dépit du bons sens ; en outre, elle lui donnera un vernis de probité dont il a furieusement besoin.

Je laisse à la princesse d'Hénin, LE POR-TIER DES CHARTREUX, enrichi de cinquante estampes nouvelles. Le nonce du pape m'en a fait cadeau. La vue de ces gravures lui renouvellera ce qu'elle m'a fait mettre en pratique, lorsque je suais sang & eau, pour lui donner des preuves de mon expérience. Un souvenir agréable l'engagera sans doute à détester davantage, son grand flandrin d'époux.

Item. Je laisse à l'évêque de Laon un chapelet, dont les pater d'or massif, lui conviendront certainement mieux que ceux qui sont enfilés à celui que porte toujours à ses côtés la princesse de Tarente, qui a offert son cœur à Dieu, en faisant cela avec ce prélat par dévotion.

Item. Je donne & legue au prince de Nassau Sarbruk, une sonde avec laquelle il pourra juger de la nature de son hydropisie ; mais moi qui me suis exposé à en avoir une toute pareille, je lui proteste qu'elle ne provient que de l'ivrognerie dont il a contracté une si grande habitude conjointement avec tous les princes souverains d'Allemagne.

Item. Je céde à Henri-Charles-Louis, son fils, & prince héréditaire, une provision de mon immense forêt de Louviers; laquelle, conjointement avec celui qu'il porte sur la tête, par l'entremise de Marie-Maximilienne-Françoise, princesse de Montbarey, son épouse, pourront le chauffer pendant plusieurs hivers.

Je laisse au Roi de Prusse, une provision de l'esprit & des connoissances du grand Fréderic, que j'ai analysé de ses écrits avec mon compere THOMAS de l'Académie Française; il a bien tiré l'un & l'autre par le moyen de VOLTAIRE de MAUPERTUIS: je puis bien, en conscience, faire de même.

Je laisse au prince de Luxembourg un cor, dont la vertu ressemble à celui d'Alstolph: il donne du courage aux poltrons qui s'en servent; il est couvert de verd-de-gris, faute d'usage. Ah! Grands Dieux! j'aurois bien dû m'en servir.

Je laisse au duc de Saulx-Tavannes, une dose de certaine poudre que j'ai en ma possession, pour le préserver des MORTS SUBITES NATIONALES; mais je l'engage en même temps à se mettre en garde contre les influences de fa phyfionomie ; il a une potence dans une œil , une roue dans l'autre.

Je laiffe au prince de Tingri , une partie de ma meute, en le prévenant qu'il y a parmi la quantité de chiens qui la compofent , quelques-uns qui font enragés ; il feroit fâcheux que ce mal dangereux , dont il eft probablement atteint , augmentât par la poffeffion de fes femblables.

Item. Je donne & lègue le château de mon duché d'Elbeuf au marquis de Souches , grand prevôt de Verfailles , pour le dédommager des iniquités qu'il a commifes en prétant fon miniftere à fervir les infames vengeances des miniftres anciens ; je le préviens cependant, que ce n'eft pas un pays de franchife; garre la corde!

Je laiffe à Jofeph II, Empereur des Romains, & frere de la belle coufine, un traité exact des maladies vénériennes , avec un remede fûr pour guérir la galle algérienne.

Je laiffe à la comteffe de la Tour-d'Auvergne un joli biftouri , avec lequel je lui confeille de fe faire ouvrir les quatre veines ; quand fon époux en feroit autant , il n'y auroit pas grand mal ; je conviens cependant qu'il eft loin de valoir celui avec lequel je lui ai jadis entr'ouvert la veine jaculatoire , mais chacun donne ce qu'il a.

Item. Je donne à M. le marquis de la Fayette, actuellement général de Paris , une cornemufe propre à raffembler tous les beftiaux répandus dans les étables ou Diftricts de Paris.

Je laiffe au Comité des fubfiftances un moyen admirable pour préferver les habitans de Paris de la faim. . . . . . Voudra-t-il s'en fervir ? Il fe trouvera dans mes papiers.

Aidez , je vous prie , ma mémoire , & dites-moi fi je ne connoîtrois pas encore quelques-unes de mes créatures auxquelles je pourrois faire quelques FIDEI-COMIS. A cela , le fcribe dépofitaire des intentions de Lambefc répondit , n'avez-vous pas la précieufe DUCHESSE DE BOURBON , la dévote de LAMBALLE , l'hypocrite de PENTHIEVRE. , & tant d'autres ? Bon ! répondit Lambefc , vous rafraîchiffez mes idées. Je continue.

Item. Je donne & légue à la ducheffe de Bourbon une pierre métallique & fympathique , laquelle, mife en bague & portée au doigt , la perfonne qui en fait ufage , au moment où elle éprouve des velléités & des defirs contraires à la chasteté, elle éprouve une piqûre qui lui prouvera que si elle l'avoit toujours portée, le front de son mari auroit toujours été à couvert des outrages qu'il a reçus.

Item. Je donne & legue à madame la princesse de Lamballe, un manuscrit intitulé, l'art de s'accommoder avec le ciel & les hommes, sans blesser la décence.

Je donne à son illustre pere, la dent canine d'un loup, s'il renonce à ses accaparemens de grains. Cette dent lui servira de MEMENTO pour ne pas oublier qu'il a dupé la bonne foi du peuple, & abusé de sa crédulité.

Je laisse & legue à Monseigneur le duc d'Orléans, un superbe cheval anglais, avec lequel il pourra continuer à se rendre immortel....... par les courses.

Item. Je donne au baron de Besenval, un petit bout de la corde du fameux reverbere, qui m'a été envoyée de Paris, comme une relique... Je lui conseille de la regarder comme un échantillon.

Je cede & legue à M. le prince de Condé, mon fusil de chasse: n'ayant pu faire tuer des hommes, il s'amusera à tuer des perdreaux.

Item. Je donne & legue à M. le duc de Mont-

morency une fomme de cent mille livres, pour
l'aider à continuer à foudoyer.

Je pardonne ma mort à Samfon, exécuteur
des hautes œuvres, & lui donne mon fabre,
qui pourra lui tenir lieu de damas. Je puis en
garantir la trempe, en ayant fait l'épreuve aux
Tuileries. Sur ce, je prie Dieu qu'après ma
mort, il me reçoive dans fon fein. Ainfi-
foit-il.

LE CREDO DES TRAITRES

O U

*La profeffion de foi du Prince Lam-
befc, & autres ariftocrates.*

JE crois en un Roi tout puiffant, mais j'en-
rage de ne pouvoir être convaincu de la
perte de fon exiftence ; je fuis bien éloigné
de croire à la légitimité du Dauphin fon fils,
je fuis bien perfuadé qu'il a pris naiffance dans
le fein d'une catin appellée Marie-Antoinette,
non par l'opération du faint-efprit, mais bien
par les faits & geftes d'un fréluquet du fang-
royal frere du Roi, & décoré de cet ordre
éminent. ET HOMO FACTUS EST ; il n'a pas

encore été crucifié; mais c'eſt le but de tous mes deſirs ; puiſſé-je être exaucé ! C'eſt la priere que j'adreſſe au Tout - Puiſſant, qui ne permettra pas qu'un bâtard de la branche des Bourbons s'aſſeoie ſur le trône Français. Si le fils de Dieu eſt reſſuſcité trois jours après ſa mort , grace au ciel, celui-ci reſtera pour jamais enſeveli dans la tombe, où il montera au ciel s'aſſeoir à la droite de ſon pere, à qui le même voyage eſt deſtiné. Je ne crois pas plus au Saint-Eſprit qu'aux deux autres perſonnes de cette royale trinité. Il eſt encore dans les eſpaces imaginaires. Le grand perpétueur de de cette race, eſt actuellement à Chamberry, & les facultés du Pere Tout-Puiſſant ſont détruites.

Je crois à l'égliſe catholique & apoſtolique, ou au moins à ceux de ſes miniſtres qui ſont de notre Égliſe, nous les révérerons, nous les chérirons, nous les défendrons, malgré l épigramme de ce mauvais plaiſant, qui dit de nos chers évêques :

Quoi! noirs prélats, infames animaux,
Qui, convoqués aux États-Généraux,
Avez enfin de l'auguſte aſſemblée
Trop ſcu flétrir l'union déjà troublée :

Vous

Vous refterez poar pleurer à jamais,
Vos noirs tiffus & vos lâches forfaits :
Dans ce fénat, ou le diable m'emporte,
Vous donnerez l'eau bénite à la porte.

Nous leur conferverons éternellement cette aveugle confiance, pourvu qu'ils raient de leurs prieres fimulées, leur ridicule DOMI- NUS VOBISCUM, qui, dans leur bouche, fera toujours fans effet, ainfi que le, ET CUM SPI- RITU TUO, comme le plus IMPUDENT DES MENSONGES.

LE MEA CULPA D'UN TRAITRE *.

J'AI manqué les grands coups, je m'en accufe à la cabale ariflocratique ; réfugié, condamné, je traîne mes jours dans l'opprobre & l'infamie. ---- MEA CULPA.

J'ai voulu fervir la fureur atroce d'une Reine barbare & fanguinaire, dans l'efpérance d'en être récompenfé par fes criminelles faveurs ; la honte eft maintenant mon partage. --- MEA CULPA

---

* C'eft toujours le Prince Lambefc qui parle.

Je me félicitois d'avance fur le délicieux plaifir de m'abreuver du fang Français, d'allumer de ma perfide main le vafte incendie qui devoit dévorer la plus belle des cités ; le Ciel ne me l'a pas permis. --- MEA CULPA.

J'ai empoifonné, par mes pernicieux confeils, l'ame déjà vile & flétrie du comte d'Artois ; je l'ai pour ainfi dire conduit à devenir fratricide & régicide ; maintenant, fans avoir changé de deffein, il m'abandonne & me méprife ; tel eft le fort du traître. --- MEA CULPA.

A Luxembourg, j'ai couché avec cette horrible gueufe de Polignac ; qu'en eft-il arrivé ? qu'elle m'a donné la chaude-p. ..A qui dois-je m'en prendre ? hélas ! ---MEA CULPA.

Tout le tiffu de mon abominable vie eft un ramas de crimes & de fcélérateffe ; un ver rongeur me déchire perpétuellement les entrailles : ô Ciel ! à ce fupplice fi jufte & fi mérité, je reconnois ta vengeance : allons, frappons ma poitrine. ---- MEA CULPA.

Le gibet réclame en moi une proie qui ne fauroit lui échapper. Un peuple qui demande ma mort à grands cris fera fpectateur de cette fanglante tragédie, & m'adreffera des imprécations qu'une rage légitime lui fuggérera. Qu'en dois-je dire ? --- MEA CULPA.

Mon corps, privé de sépulture après cet acte de vengeance, sera traîné dans la fange, comme ceux des scélérats que j'ai séduits, & qui ont été assez lâches pour se livrer à mes instigations & trahir leur patrie : il sera ensuite livré aux oiseaux de proie. ---- MEA CULPA.

Je comparoîtrai devant l'Etre Suprême, sans oser soutenir ses regards. Il m'accablera de sa colere : l'ai-je bien méritée ? Ah ! oui. --- MEA CULPA.

Puis-je douter qu'il ne me condamne à un châtiment éternel & rigoureux ? Non, sans doute ; mais, ---MEA CULPA.

Descendu dans l'empire infernal, je suis effrayé d'avance des tourmens qui m'y sont préparés ; les chaînes, les roues, le fouet des furies, les serpens de Tysiphone, les chevalets, les plus horribles supplices, voilà mon partage. ----MEA CULPA.

Il faudra que, dans ce séjour, je me borne, quant à présent, à la société de Ravaillac, Jacques Clément, Damien, Charles IX, Christophe de Beaumont, Moliva, Malagrida, Mandrin, Cartouche, Louis XV, l'abbé Terray, & tant d'autres encore : qu'en dire ? ---- MEA CULPA.

Une seule chose peut diminuer ma peine, c'est qu'au premier jour, je verrai sûrement descendre la Reine de France, son cher d'Artois, monsieur l'insouciant le prince de Condé, Bourbon Conti, &c.... Alors ils diront comme moi : --- MEA CULPA.

J'y verrai de même de Juigné, ce fanatique, ce tartufe archevêque, qui viendra donner la bénédiction à tous les diables : que dira-t-il ? ---- MEA CULPA.

J'y rencontrerai Lamoignon, Barentin, la Vrilliere, Dubarry, Pompadour, la Lebrun, la marquise de Tessé. Je leur adresserai la parole, & leur dirai : chers compatriotes de disgraces, faites comme moi, --- MEA CULPA.

Le pape & son digne nonce y seront attendus. Ce dernier sera plus difficile à arranger ; mais il faudra qu'ils y passent, & qu'ils prononcent, ainsi que moi, ---MEA CULPA.

F I N.